石油石化现场作业安全培训系列教材

动火作业安全

中国石油化工集团公司安全监管局
中国石化青岛安全工程研究院　　组织编写

U0264084

中国石化出版社

图书在版编目（CIP）数据

动火作业安全 / 杜红岩主编；中国石油化工集团公司安全监管局，中国石化青岛安全工程研究院组织编写. —北京：中国石化出版社，2015.6（2023.2 重印）
石油石化现场作业安全培训系列教材
ISBN 978-7-5114-3384-8

Ⅰ.①动… Ⅱ.①杜… ②中… ③中… Ⅲ.①动火作业 - 安全培训 - 教材 Ⅳ.① TB4

中国版本图书馆 CIP 数据核字 (2015) 第 114934 号

中国石化出版社出版发行

地址：北京市东城区安定门外大街 58 号
邮编：100011 电话：(010) 57512500
发行部电话：(010) 57512575
http://www.sinopec.press.com
E-mail:press@sinopec.com
北京富泰印刷有限责任公司印刷
全国各地新华书店经销

*

787 × 1092 毫米 32 开本 2 印张 34 千字
2015 年 10 月第 1 版 2023 年 2 月第 10 次印刷
定价：20.00 元

序

　　近年来相关统计结果显示，发生在现场动火作业、受限空间作业、高处作业、临时用电作业、吊装作业等直接作业环节的事故占石油石化企业事故总数的 90％，违章作业仍是发生事故的主要原因。10 起事故中，9 起是典型的违章作业事故。从相关事故案例和违章行为的分析结果来看，员工安全意识薄弱，安全技术水平达不到要求是制约安全生产的瓶颈。安全培训的缺失或缺陷几乎是所有事故和违章的重要成因之一。

　　加强安全培训是解决"标准不高、要求不严、执行不力、作风不实"等问题的重要手段。

　　企业在装置检修期，以及新、改、扩建工程中，甚至日常检查、维护、操作过程中，都会涉及大量直接作业活动。《石油石化现场作业安全培训系列教材》涵盖动火作业、受限空间作业、高处作业、吊装作业、临时用电作业、动土作业、断路作业和盲板抽堵作业等所涉及的安全知识，内容包括直接作业环节的定义范围、安全规章制度、危害识别、作业过程管理、安全技术措施、安全检查、应急处置、典型事故案例以及常见违章行为等。通过对教材的学习，能够让读者掌握直接作业环节的安全知识和技能，有助于企业强化"三基"工作，有效控制作业风险。

安全生产是石油化工行业永恒的主题，员工的素质决定着企业的安全绩效，而提升人员素质的主要途径是日常学习和定期培训。本套丛书既可作为培训课堂的学习教材，又能用作工余饭后的理想读物，让读者充分而便捷地享受学习带来的快乐。

前言

　　直接作业环节安全管理一直是石油化工行业关注的焦点。为使一线员工更好地理解直接作业环节安全监督管理制度，预防安全事故发生，中国石油化工集团公司组织相关单位开展了大量研究工作，旨在规范直接作业环节的培训内容、拓展培训方式、提升培训效果。在此基础上，依据国家法规、标准，编写了《石油石化现场作业安全培训系列教材》，系统介绍石油石化现场直接作业环节的安全技术措施和安全管理过程，书中内容丰富，贴近现场，语言简洁，形式活泼，图文并茂。

　　本书是系列教材的分册，可作为动火作业人员、监护人员以及管理人员的补充学习材料，主要内容有：

　　◆ 作业活动的相关定义；

　　◆ 作业危害识别；

　　◆ 安全技术措施；

　　◆ 作业许可证或其他作业过程控制票证的管理；

◆ 作业前的安全技术交底；

◆ 相关人员职责；

◆ 作业过程的其他注意事项；

◆ 典型事故案例；

◆ 应急措施；

◆ 急救常识等。

通过本书的学习，读者可以更好地掌握动火作业的安全技术措施和安全管理要求，熟悉工作程序、作业风险、应急措施和救护常识等。书中内容具有一定的通用性，并不针对某一具体装置、具体现场。对于特定环境、特殊装置的具体作业，应严格遵守相关的操作手册和作业规程。

本书由中国石油化工集团公司安全监管局、中国石化青岛安全工程研究院组织编写。书中选用了中国石油化工集团公司安全监管局主办的《班组安全》杂志的部分案例与图片，在此一并感谢。由于编写水平和时间有限，本书内容尚存不足之处，敬请各位读者批评指正并提出宝贵意见。

目录

1 动火作业的定义及类型

动火作业的定义

直接或间接产生明火的工艺设备以外的，在具有火灾爆炸危险的场所内进行的，可能产生火焰、火花或炽热表面的非常规作业，如使用电焊、气焊（割）、喷灯、电钻、砂轮等进行的作业。

动火作业的类型

焊接、切割作业

气焊、电焊、铅焊、锡焊、塑料焊等各种焊接作业及气割、等离子切割机、砂轮机、磨光机等各种金属切割作业

明火作业

使用喷灯、液化气炉、火炉、电炉等明火作业

临时接电、使用非防爆电器作业

生产装置和罐区连接临时电源并使用非防爆电器设备和电动工具

烧烤熬、锤击等其他作业 烧（烤、煨）管线、熬沥青、炒砂子、铁锤击（产生火花）物件、喷砂和产生火花的其他作业

爆破作业 使用雷管、炸药等进行的爆破作业

常见动火作业工具

气焊（割）机

电焊机

砂轮机

动火作业

喷灯

电钻

2 动火作业的分级

　　企业应划定固定动火区及禁火区。固定动火区外的动火作业一般分为二级动火、一级动火、特殊动火三个级别，遇节日、假日或其他特殊情况，动火作业应升级管理。

特殊动火

　　在生产运行状态下的易燃易爆生产装置、输送管道、储罐、容器等部位上及其他特殊危险场所进行的动火作业，如带压不置换动火等。

一级动火

在易燃易爆场所进行的除特殊动火作业以外的动火作业。厂区管廊上的动火作业按一级动火作业管理。

二级动火

除特殊动火作业和一级动火作业以外的动火作业。凡生产装置或系统全部停车，装置经清洗、置换、分析合格并采取安全隔离措施后，可根据其火灾、爆炸危险性大小，经所在单位安全管理部门批准，动火作业可按二级动火作业管理。

3 动火作业的主要危害

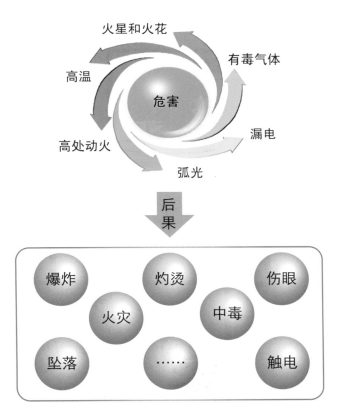

火星和火花

有毒气体

高温

危害

漏电

高处动火

弧光

后果

爆炸　灼烫　伤眼

火灾　中毒

坠落　……　触电

4 动火的原则

"三不动火"原则

动火证

未批许可证

监护人
蒸发了吗？

监护人不在

措施不落实

"一处、一证、一人"原则

无证动火是大忌，坚决制止不姑息

危险区域要动火，办证方可进场所

动火作业有周期，到时自觉来停工

继续动火须确认，否则收回许可证

5 危害识别

作业步骤	潜在危害	后果	安全控制措施
动火作业准备	作业工具、设备缺陷	火灾、爆炸、人身伤害	作业前安全检查
	未配备防护用品，或防护用品存有缺陷	人身伤害	作业前安全检查
	作业人员未经过培训，或不具备作业资质	违章作业	专项安全培训；作业前资质审查
	作业人员未准确理解作业内容	火灾、爆炸、人身伤害	作业前安全技术交底
	作业点未进行工艺处理，或工艺处理存在缺陷（如未加盲板、气体置换不彻底等）	火灾、爆炸	专人负责工艺处理；办理作业许可证；作业前安全检查
	作业现场周围环境缺陷（如存在易燃物、地沟未封盖等）	火灾、爆炸	办理作业许可证；作业前安全检查
	特殊位置动火作业未采取针对性防护（如受限空间、高处动火等）	火灾、爆炸、人身伤害	办理相应作业许可证；配置现场监护人员；作业前安全检查

作业步骤	潜在危害	后果	安全控制措施
动火作业实施	作业人员未正确使用防护用品，或防护用品损坏	人身伤害	专项安全培训；作业监护；现场安全检查；
	违章使用作业工具、设备，或作业工具、设备故障	人身伤害、火灾、爆炸	作业监护；现场安全检查；工具设备维护保养
	作业现场环境缺陷（如装置生产异常，气瓶间距不符合规定，照明不良，突发大风、雨雪等）	火灾、爆炸、人身伤害	作业监护；现场安全检查
	作业人员擅自变更作业内容或动火地点	火灾、爆炸	作业监护；现场安全检查
动火作业完成	未进行验收，未关闭作业许可	作业内容缺项，影响其他作业活动	实施作业验收检查，按要求关闭作业许可
	未清理作业现场	人员伤害，现场混乱	作业监护；现场安全检查

6 动火作业前的工艺处理

　　凡在生产、储存、输送可燃物料的设备、容器及管道上动火，应首先切断物料来源并加好盲板；经彻底吹扫、清洗、置换后，打开人孔，通风换气；打开人孔时，应自上而下依次打开，并经分析合格，方可动火。

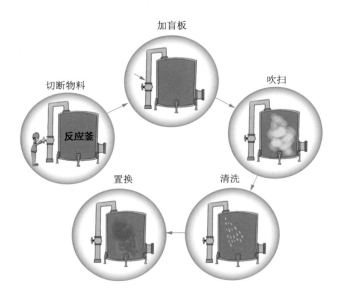

加盲板

切断物料

反应釜

吹扫

置换

清洗

🔔 6.1 切断物料来源并撒料

🔔 6.2 加盲板

🔔 6.3　吹扫

吹扫是常用的一种设备清理方法，即利用一定的气体压力清除设备内部的污染物。吹扫的方法有多种，包括空气吹扫、蒸汽吹扫、高压纯氮气吹扫、保护气体吹扫、卤化物或气态卤素聚结等。使用者可根据生产情况和具体条件来选取吹扫方法。

🔘 基本要求

（1）不允许吹扫的设备及管道应与吹扫系统隔离。

（2）管道吹扫前，拆除易被吹扫毁坏的所有部件，不应安装孔板、法兰连接的调节阀、主要阀门、节流阀、安全阀、仪表等，对于焊接连接的上述阀门和仪表，应采取流经旁路或卸掉密封件等保护措施。

（3）吹扫的顺序应按主管、支管、疏排管的顺序依次进行，吹出的脏物不得进入已吹扫合格的管道。

（4）吹扫排放的脏物不得污染环境，严禁随意排放。

（5）吹扫前应设置隔离区，落实防止人员烫伤的防护措施。

🔔 6.4　清洗

清洗是以水等清洗溶剂为介质，通过泵加压清洗管道或设备的一种方法。清洗的介质应符合管道或设备的材质要求，并确认管架、吊架等能承受盛满介质时的载荷。

14

6.5 置换

置换,即先通入一种流体(一般为惰性气体、空气、水蒸气等)把装置内原流体置换出一部分;再通入另外一种流体,保证原流体与后通入流体被流体隔离,逐步将流体排出装置外,直至被全部替换并检测合格。该方法具有节省能源、安全可靠、连续操作、采样检测频率小等优点。适用于大管径、长距离管网的置换,但对于中间有大容积贮柜或中途有多个分支管线时不宜采用。

基本要求

(1)可燃气体的置换过程中,禁止在被置换装置上以及装置附近动火,同时禁止高温物体靠近。

(2)整个装置要可靠接地,北方地区冬季严禁用蒸汽置换,防止冻结损坏设备。

(3)管径大于1m、距离超过500m的管道不宜用蒸汽置换。

(4)禁止用高压过热蒸汽进行置换。

(5)置换过程中,气体的逸出点必须在高位,利于扩散等。

动火分析

🔔 7.1 相关要求

（1）在生产、储存、运输可燃物料的设备、容器及管道上动火，应进行动火分析，分析合格后方可动火。

（2）需要动火的塔、罐、容器等设备和管线，应进行内部和环境气体分析检验，并将分析数据填入作业许可证，分析单附在许可证的存根上。

（3）采样点应具有代表性，采样物质须与动火时物质一致。

（4）动火分析与动火作业间隔一般不超过 30 分钟，如现场条件不允许，间隔时间可适当放宽，但不应超过 60 分钟；作业中断时间超过 60 分钟，应重新分析；每日动火前均应进行动火分析；特殊动火作业期间应随时进行监测。

（5）动火人员不需要进入受限空间时，可作受限空间的可燃物含量分析；动火人员需要进入受限空间时，还需进行受限空间的氧含量和有毒物分析。

🔔 7.2 分析合格标准

当被测气体或蒸气的爆炸下限大于等于 4% 时，其被测浓度应不大于 0.5%（体积分数）；被测气体或蒸气爆炸下限小于 4% 时，其被测浓度应不大于 0.2%（体积分数）。

8 有毒有害介质的检测分析

动火部位存在有毒有害介质的，应对其浓度作检测分析，若其含量超过《工作场所有害因素职业接触限值》（GBZ 2.1—2007），应采取相应的安全措施，并在"动火作业许可证"上注明。

若采取强制通风措施，其风向应与自然风向一致。在设备外部动火作业，应进行环境分析，且分析范围不小于动火点 10 m。

受限空间内动火，还必须检测氧含量。如果存在有毒气体泄漏可能的，应连续监测有毒气体含量，确保所有气体检测合格。情况异常时应立即停止作业，撤离人员，对现场进行处理，并分析合格后方可恢复作业。

工作场所有害因素职业接触限值

中文名	英文名	职业接触限值 / （mg/m³）		
		最高容许浓度	时间加权平均容许浓度	短时间接触容许浓度
氨	Ammonia	—	20	30
苯	Benzene	—	6	10
丁烯	Butylene	—	100	—
二硫化碳	Carbon disulfide	—	5	10
二氧化氮	Nitrogen dioxide	—	5	10
二氧化硫	Sulfur dioxide	—	5	10
环氧乙烷	Ethylene oxide		2	—
甲苯	Toluene		50	100
硫化氢	Hydrogen sulfide	10	—	—
液化石油气	Liquified petroleum gas （L.P.G.）	—	1000	1500
一氧化氮	Nitric xide （Nitrogen noxide）	—	15	—
……	……	……	……	……

注：以上内容摘自《工作场所有害因素职业接触限值》（GBZ 2.1—2007）

9 动火作业的安全技术措施

🔔 9.1 动火作业前的要求

（1）申请动火作业前，作业单位应针对动火作业内容、作业环境、作业人员资质等方面进行风险分析，根据风险分析的结果制定相应控制措施，消除或降低作业风险。

动火作业前风险分析的内容，要涵盖作业过程的步骤、作业所使用的工具和设备、作业环境的特点以及作业人员的情况等。未实施作业前风险分析、预防控制措施不落实，不能进行作业。

（2）实施动火作业前，应进行如下检查。检查电焊、气割等器具是否安全可靠，不得带病使用；动火作业现场周围的易燃易爆物质应清理干净，与动火作业的设备相连的管线或装置等，应采取拆离、加盲板等可靠的隔离措施；距动火点 15m 内所有的漏斗、排水口、各类井口、排气管、管道、地沟等应封严盖实。

（3）动火作业区域应设置警戒，严禁与动火作业无关的人员或车辆进入动火区域。必要时，动火现场应配备消防车及医疗救护设备和器材。

（4）动火作业前，应对动火点或作业区域的可燃气体浓度进行检测。需要动火的塔、罐、容器、槽车等设备和管线，经过清洗、置换和通风后，还应检测可燃气体、有毒有害气体、氧气浓度，符合要求时才能进行动火作业。气体检测的位置和采样点应具有代表性，必要时分析样品应保留到作业结束。用于检测气体的检测仪应在校验有效期内，并在每次使用前与其他同类型检测仪进行比对检查，以确定其处于正常工作状态。

🔔 9.2　动火作业过程中的措施

（1）动火作业过程中，应严格按照安全措施或方案的要求进行作业。

（2）动火作业人员应处于动火点上风向位置，避开易燃易爆介质、封堵物等危险物质的喷射。特殊情况时，应采取围挡措施并控制火花飞溅。

（3）气焊（割）动火作业时，氧气瓶与乙炔气瓶的间隔不小于 5m，且乙炔气瓶严禁卧放。气瓶与动火作业地点距离不得小于 10m。

（4）动火作业过程中，应根据管理规定或作业方案中要求的气体检测时间和频次进行检测，填写检测记录，注明检测的时间和检测结果。

（5）动火作业过程中，动火监护人应坚守作业现场。监护人发生变化需经批准。

9.3 动火作业结束后的检查

动火作业结束后，作业人员和监护人应收拾工具、整理现场，关掉电源、气源等能量源。搬离动火设备，熄灭余火，确认无遗留火种、火源隐患后，方可离开作业现场，及时关闭作业许可证。

🔔 9.4　其他安全技术措施

受限空间内动火作业的安全要求

（1）同时办理受限空间作业和动火作业许可证。

（2）动火作业时，同一空间或区域内，不能进行刷漆、喷漆作业或使用可燃溶剂清洗等可能散发易燃气体、易燃液体的作业。

（3）进入设备、设施等受限空间内部动火时，应按相关要求进行气体检测和定时复查，测试合格后方可入内。

（4）所有可能影响受限空间的物料来源都应被切断。

（5）制定应急预案，并有专人监护。

（6）严禁将气瓶带入受限空间内。

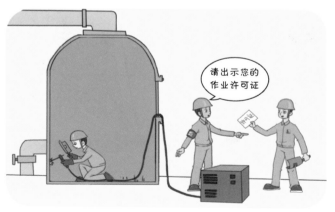

高处动火作业的安全要求

（1）同时办理高处作业和动火作业许可证。

（2）确保作业平台的作业面没有孔洞，平台四周装有护栏和供人员上下的通道。

（3）在具有坠落风险的作业面，人员应系挂全身式安全带。

（4）高处动火时，必须采取防止火花飞溅的措施。

（5）五级以上大风时，应停止焊接、切割等室外动火作业。

10 个人防护用品的使用

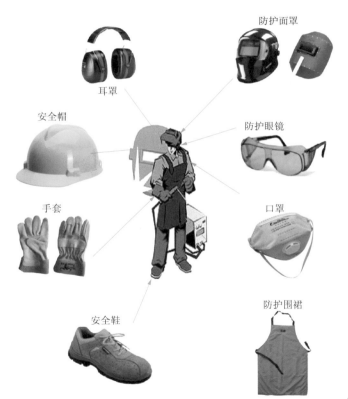

防护面罩

耳罩

安全帽

防护眼镜

手套

口罩

安全鞋

防护围裙

11 气瓶安全

🔔 11.1 气瓶的种类

按压力分类

（1）低压气瓶；（2）高压气瓶。

按临界温度分类

（1）充装临界温度 $t < -10℃$ 气体的永久气体气瓶；

（2）$-10℃ \leq t \leq 70℃$ 的高压液化气体气瓶；

（3）$t > 70℃$ 的低压液化气体气瓶。

按容积分类

（1）小容积气瓶；（2）中容积气瓶；（3）大容积气瓶。

🔔 11.2 气瓶的基本安全要求

（1）使用气瓶前应进行检查，如发现气瓶颜色、钢印等辨别不清，检验超期，气瓶损伤（变形、划伤、腐蚀等），气瓶质量与标准不符等现象，应拒绝使用，并做妥善处理。

（2）气瓶应配有防震圈、瓶帽等。

（3）氧气瓶为蓝色瓶体、乙炔瓶为白色瓶体。

（4）禁止敲击、碰撞气瓶。

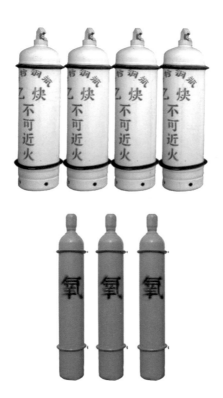

（5）严禁在气瓶上焊接、引弧，不能将气瓶作为支架和铁砧。

（6）气瓶要防止暴晒、雨淋、水浸。

（7）注意保持气瓶及附件清洁、干燥，防止沾染油脂、腐蚀性介质、灰尘等。

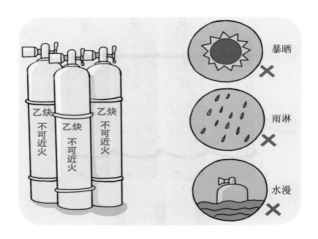

（8）气瓶阀结霜、冻结时，不得动火烤。可将气瓶移入室内或气温较高的地方，或用40℃以下的温水冲洗，再缓慢地打开瓶阀。

（9）不得用电磁起重机搬运气瓶。

（10）注意气瓶操作顺序。开启瓶阀应缓慢，操作者应站在瓶阀出口的侧面，关闭瓶阀应轻而严，不能用力过大，以免关得太紧、太死。

（11）使用气瓶时，应竖直存放，不得靠近火源。气瓶与明火距离，不得小于10m；可燃与助燃气体气瓶之间的距离，不得小于5m。

（12）氧气瓶、乙炔瓶使用时须有完好的减压阀、压力表。

（13）气瓶的导气管不能有破损。

（14）乙炔瓶使用时须有阻火器。

（15）气瓶内气体不能用尽，必须留有剩余压力，一般不低于0.05MPa，并旋紧瓶帽，标上已用完记号。

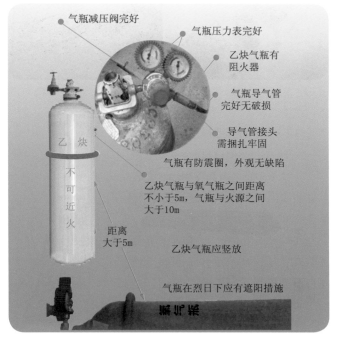

气瓶减压阀完好

气瓶压力表完好

乙炔气瓶有阻火器

气瓶导气管完好无破损

导气管接头需捆扎牢固

气瓶有防震圈，外观无缺陷

乙炔气瓶与氧气瓶之间距离不小于5m，气瓶与火源之间大于10m

乙炔气瓶应竖放

气瓶在烈日下应有遮阳措施

乙炔

不可近火

距离大于5m

12 焊接与切割作业安全

⌂ 12.1 十不焊

（1）无特种作业操作证不焊割。

（2）雨天露天作业无可靠安全措施不焊割。

（3）承装过易燃、易爆及有害物品的容器，未彻底清洗，未进行可燃气体浓度检测不焊割。

（4）受限空间内通风不良不焊割。

（5）设备未断电、容器未卸压不焊割。

（6）作业区周围有易燃易爆物品，气瓶间距不够，不焊割。

（7）作业内容不清，火星飞向不明，不焊割。

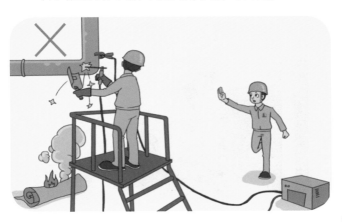

（8）违章使用焊把线、焊枪等，不焊割。

（9）受限空间外无专人监护，不焊割。

（10）禁火区未采取措施和办理动火许可证，不焊割。

🔔 12.2 其他安全措施

（1）在容器内部焊接时，使用经过处理的压缩空气供气，不可直接使用氧气，以免发生火灾事故。

（2）焊接人员应正确穿戴合格的劳保用品，并佩戴好焊接手套等防护用品。

（3）焊接或切割人员必须使用符合防护要求的焊接面罩，面罩上应有护目镜片。当噪音超过85dB，还应佩戴耳塞或耳罩。

（4）严禁乱扔焊条头、焊渣、切割物件等，以免灼伤别人、引起火灾或物体打击等。

（5）高处的焊接切割作业应有接火措施，如接火盆或石棉布等。

（6）焊件必须放置平稳，特殊形状焊件应用支架或电焊胎夹，以保持稳固。

13 动火作业人员的职责

（1）动火作业人员应持有有效的本岗位作业资格证，并对安全动火负直接责任，按动火作业许可证或作业方案的要求，执行或配合落实相关安全措施。

（2）动火作业人员应严格执行"三不动火"原则。

（3）动火作业人员应正确穿戴符合安全要求的劳动防护用品。

14 动火作业监护人的职责

（1）动火监护人应了解动火区域或岗位的生产过程，熟悉工艺操作和设备状况；拥有较强的责任心，出现问题能正确处理；具有处理应对突发事故的能力。

（2）参加企业相关部门组织的动火监护人培训，考核合格后取得动火监护人资格证书，持证上岗。

（3）动火监护人在接到许可证后，应在安全技术人员和作业负责人的指导下，逐项检查落实防火措施，并检查动火现场的情况。

（4）动火过程中，发现异常情况及时采取措施，不得离开现场。确需离开时，由监护人收回动火作业许可证，暂停作业。监火时，应佩戴明显标志。

（5）当发现动火部位与许可证不相符合，或者安全措施不落实时，监护人有权制止动火；当作业现场出现异常情况时有权停止动火；对动火人不执行"三不动火"且不听劝阻时，有权收回许可证，并向上级报告。

15 动火作业许可证的基本要求

🔔 15.1 动火作业许可证的样式

动火作业许可证

申请单位		申请人		许可证编号	
动火作业级别					
动火地点					
动火方式					
动火时间		自　　年　　月　　日　　时　　分始 至　　年　　月　　日　　时　　分止				
动火作业负责人		动火人			
动火分析时间	年　月　日　时		年　月　日　时		年　月　日　时	
分析点名称					
分析数据					
分析人					
涉及的其他特殊作业					
危害辨识					

序号	安全措施	确认人
1	动火设备内部构件清理干净，蒸汽吹扫或水洗合格，达到动火条件	
2	断开与动火设备相连接的所有管线、加盲板（　　）块	
3	动火点周围的下水井、地漏、地沟、电缆沟等已清除易燃物，并已采取覆盖、铺沙、水封等手段进行隔离	
4	罐区内动火点同一围堰内和防火间距内的油罐不同时进行脱水作业	
5	高处作业已采取防火花飞溅措施	
6	动火点周围易燃物已清除	
7	电焊回路线已接在焊件上，把线未穿过下水井或与其他设备搭接	
8	乙炔气瓶（直立放置）、氧气瓶与火源间的距离大于 10m	
9	现场配备消防蒸汽带（　　）根，灭火器（　　）台，铁锹（　　）把，石棉布（　　）块	
10	其他安全措施： 编制人：	

生产单位 负责人		监火人		动火初 审人				
实施安全教育人								
申请单位意见								
		签字：		年	月	日	时	分
安全管理部门意见								
		签字：		年	月	日	时	分
动火审批人意见								
		签字：		年	月	日	时	分
动火前，岗位当班班长验票								
		签字：		年	月	日	时	分
完工验收								
		签字：		年	月	日	时	分

🔔 15.2 动火作业许可证的填写要求

（1）注明动火作业的主要内容及具体部位；

（2）注明动火人及监护人的信息；

（3）注明动火作业的具体时间；

（4）填写作业场所或周围环境的危害因素；

（5）填写动火作业的安全措施等。

🔔 15.3 作业许可证的办理和审批

动火作业许可证的办理和审批

作业许可证种类		办理部门	审批部门（人）
动火作业许可证	特殊动火作业	作业单位	作业所在单位主管厂长或总工程师
	一级动火作业		作业所在单位安全管理部门
	二级动火作业		作业所在单位动火点所在车间

🔔 15.4 动火作业许可证的管理

（1）在动火作业之前，作业单位必须办理作业许可证。

（2）动火作业内容变更，作业范围扩大、作业地点转移或超过有效期限，以及作业条件、作业环境条件或工艺条件改变时，应重新办理作业许可证。

（3）许可证签发人员应到现场确认后，才能签发许可证。

（4）作业许可证不得随意涂改、代签和转让，不应变更作业内容、扩大使用范围、转移作业部位或异地使用。

（5）一张动火作业许可证只限一处动火，特殊动火作业和一级动火作业许可证的有效期不应超过8小时；二级动火作业许可证的有效期不应超过72小时。

（6）许可证一式三份，一级和特级动火作业许可证分别由动火点所在车间或监护人、动火人、动火点所在单位安全管理部门保存；二级动火作业许可证分别由动火点所在车间操作岗位或监护人、动火人、动火点所在单位生产车间保存。

（7）许可证保存期限为一年。

16 动火作业前的安全技术交底

（1）动火作业之前，动火单位应组织本次动火的安全技术交底；

（2）所有参与动火作业的人员，都应参加安全技术交底。

（3）安全技术交底涵盖以下内容：

- 作业地点；
- 作业时间；
- 作业内容、作业要求；

- 作业环境和危害；
- 采取的预防措施；
- 安全操作规程；
- 相关规章制度；
- 发生事故时如何报告、避险和急救；
- 其他内容或要求等。

17 应急处置

（1）动火作业中，若动火本体发生较小火情，且周围无燃烧物或动火部位未与其他物料管道、设备相连，不会造成火灾蔓延的情况下，就地用灭火器材将其扑灭。

（2）作业中发生火情，有可能蔓延，造成火灾的，应立即停止动火，组织现场人员扑救的同时，迅速通过火警电话向消防队报警，并和车间、单位领导报告。

（3）扑救有毒有害物料引发的火灾时，应首先切断物料来源；扑救人员应站在上风向，佩戴或使用相关防护器具。

（4）乙炔气瓶发生漏气、回火等情况时，应立即停止动火，迅速关闭乙炔瓶、氧气瓶阀。若一时无法关闭，应对气瓶进行冷却，并立即报警，组织人员撤离。

（5）动火现场如发现异味时，应停止作业，迅速查明原因，采取相关措施，恢复动火前应用检测仪器对作业环境进行检测，直至合格。

（6）受限空间内部动火时，如果作业人员发生胸闷、气急、眩晕等症状，监护人员应立即停止作业，组织人员撤离现场。症状严重时，应及时联系医疗部门，并进行人工呼吸或心肺复苏等急救措施。

不论险情大小，先保证自身安全！

报警

工艺处理

火灾中的逃生方法

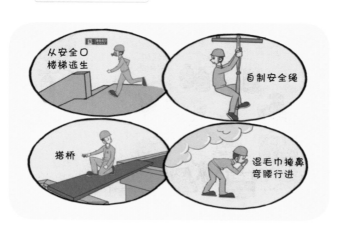

从安全口楼梯逃生

自制安全绳

搭桥

湿毛巾掩鼻弯腰行进

根据不同火灾类型选用正确的灭火器

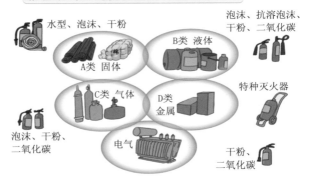

水型、泡沫、干粉

A类 固体

B类 液体

泡沫、抗溶泡沫、干粉、二氧化碳

C类 气体

泡沫、干粉、二氧化碳

D类 金属

特种灭火器

电气

干粉、二氧化碳

灭火器不能混用

钾、钠、镁、铝等金属火灾

不能用二氧化碳直接灭火的物质

×

电石起火

浓硫酸、浓硝酸

钾、钠、镁、铝等金属火灾

熔融盐、铁水

电气火灾

原油、重油火灾

贵重文物资料

比水轻、不溶于水的液体

不能用水直接灭火的物质

18 现场急救措施

🔔 18.1 烧烫伤的现场急救措施

（1）迅速除去烧伤源。如是火焰烧伤，应立即将伤员的着火衣物脱去，一时难以脱下的，可让伤员躺在地上滚动灭火，或用水灭火；如是化学烧伤，应迅速清除残余在创面上的化学物质，或剪去被化学物质污染的衣服，减少损伤。

（2）一般创面不要作特殊处理，只要保持清洁即可；如果创面较大，用清洁包布覆盖伤口简单包扎，避免创面污染；化学性烧伤局部可用大量清水彻底冲洗，同时可采用中和方法治疗。

（3）受伤严重的伤员应静卧休息，保持呼吸通畅，并注意伤员呼吸、脉搏、血压等的变化，若呼吸心跳停止，应立即实施人工急救，如有出血应立即止血。

49

🔔 18.2　其他急救措施

（1）现场施救人员必须听从指挥。施救时，如需进入有毒气体环境、设备容器或污染区域，应首先做好自身防护，正确穿戴适宜、有效的防护器具，再实施救护。

（2）搬运中毒患者时，应使患者侧卧或仰卧，保持呼吸道通畅。抬离现场后必须放在空气新鲜、温度适宜的通风处。患者意识丧失时，应除去口中的异物。呼吸停止时，应采取人工呼吸等措施。同时尽快查明毒物性质和中毒原因，便于医护人员正确制定救护方案，防止事故范围进一步扩大。

（3）对于昏迷的伤员，应取平卧位，垫高背部，头稍后仰，如有呕吐，须将其头朝向一侧，或采用脚高头低位，搬运时用普通担架即可。对于呼吸困难的伤员，应采取坐位，不能背驮。用软担架（床单、被褥）搬运时，注意不能使伤员躯干屈曲。如有条件，最好用折叠担架（或椅）搬运。

（4）如果是由于高空坠落、物体打击等造成颈椎、腰椎严重损伤的伤员，不可随意搬运或扭曲其脊柱，应多人用手臂共同将伤员平行搬运至水平木板上，注意必须托住颈、腰、臀和双下肢。

19 典型事故案例分析

◀ [案例 1] ▶ 　某炼油厂硫黄回收车间酸性水汽提装置进行动火作业。作业人员在原料水罐 V402 罐顶切割排气管线（*DN*200）时，引发爆炸，导致 2 人当场死亡、5 人失踪。5 名失踪人员遗体在 V402 罐内找到，事故共造成 7 人死亡。

事故原因

🔧 直接原因

　　V402 原料水罐内的爆炸性混合气体，从与 V402罐相连的 *DN*200 管线根部焊缝，或 V402 罐壁与罐顶板连接焊缝开裂处泄漏，遇到在 V402 罐上气割 *DN*200 管线作业的明火或飞溅的熔渣，引起爆炸。

🔧 间接原因

　　● 变更管理缺失。

　　动火作业票的地点是 "V403 罐顶平台上管线拆除"，而现场施工人员为了减少工作量，临时将动火地点变更为 V402罐顶。

● V403 罐检修方案的作业危害分析不到位。

V403 罐检修方案没有考虑到与之相连的 V402 酸性水罐的风险，没有制定针对性防控措施；作业人员对 V402 酸性水罐存在的风险不清楚，对现场危害认识不足。

● 动火作业管理制度执行不严。

作业人员在未对动火点进行气体采样分析、未采取有效防护措施的情况下进行动火作业，违反作业程序。

● 现场安全监管不严。

针对动火作业现场临时变更情况，在场的车间主任、监火人员没有及时制止，导致事故发生。

● 特种作业人员无证上岗。

在 V402 罐顶动火切割 $DN200$ 管线的气焊工，没有"焊接切割特种作业操作证"。

● 员工安全意识不强。

事故发生时，车间主任、设备员、监火人员和操作工等 7 人站在容积为 5000m³、高 18m、液位为 77%，并充满易燃、易爆气体的事故罐罐顶，说明员工安全意识不强，缺乏自我保护意识。

◀ [案例2] ▶ 承包商人员在某化工公司检修合成氨装置的 1# 电除尘器。经采样分析，电除尘器内可燃气含量超标，不符合动火条件，但现场作业人员擅自决定动火。在作业过程中，电除尘器发生爆炸、顶盖飞出，现场 5 人受爆炸气浪冲击、摔落在地面及附近平台，4 人抢救无效死亡。

事故原因

● 明知电除尘器内的可燃气体分析不合格，存在火灾爆炸的隐患，工段长却同意在现场进行动火作业。

● 在"作业危害因素识别表"中，已经识别出"可能会发生泄漏、着火、爆炸、人员中毒等事故"，并且列举了"氮气置换合格、动火点不可随便转移"等安全措施，相关人员却在没有进行氮气置换的情况下贸然动火。

● 事故调查发现，装置主管、运行部生产主管、安全主管、运行部领导虽然都在动火作业许可证上签了字，但装置主管让别人代签，运行部生产主管、安全主管、运行部领导3个人是在办公室签字，根本没有到现场去检查核实，作业许可证的审批过程存在严重缺陷。

◀ [案例3] ▶　某日上午，承包商施工人员在某石油公司加油站油罐操作井附近切割油罐人孔盖，并开挖潜油泵管口。作业过程中，油罐突然发生闪爆，致使1名施工人员死亡。

事故原因

🔴 **直接原因**

施工人员严重违反作业安全规定，将油罐内原已注满的水抽出，使得油罐和操作井口油气积聚，并且在没有办理动火作业许可证、没有落实安全措施的情况下进行动火，从而引起油气闪爆。

🔴 **直接原因**

●该石油公司负责加油站改造项目的主管部门，在项目招标过程中没有执行公司管理规定，没有检查施工单位的资质，致使不具备HSE资质的施工单位入站作业。

●现场安全监管不到位。对于施工人员没有焊工作业资质、没有办理动火作业许可证、没有落实安全措施等严重违章行为，石油公司均未及时发现和制止。